初めてでも大丈夫！

ボールパイソンの飼い方・育て方

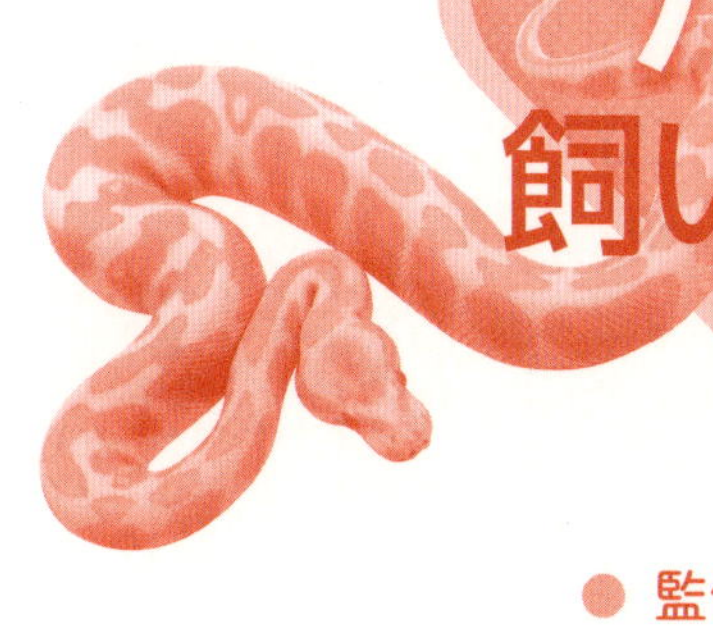

● 監修：白輪剛史（iZoo園長）
写真協力：iZoo,Maniac Reptiles,E.S.P.
撮影・飼育指導協力：宮内大輔（Maniac Reptiles）

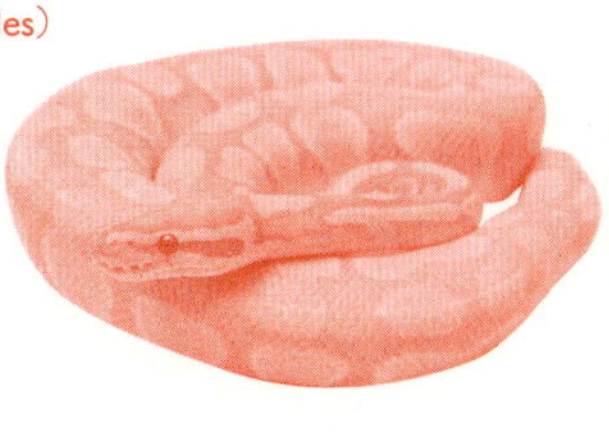

東京堂出版

ヘビは、表面がヌメッとしているし、
とぐろを巻いてなんだか悪だくみをしているようだ。
ときどき舌をペロっとだす顔も不気味だし、
なんとなく襲われそうな予感もするし・・・。
一緒に暮らすことなんて絶対無理！
なるほど・・・。でもね。
ヘビは、見た目で損をしているんです。
本書に登場するヘビは、チョッと二枚目ばかり。
ヘビは、静かでワガママを言わない。
ヘビは、世話がとっても楽。
ヘビは、夜帰っても待っていてくれる・・・
きっと、本書を閉じる時には、
ヘビと暮らしたくなっていること間違いなし！

目次 CONTENTS

第3章

ヘビと暮らそう【飼育準備編】

どんなヘビが飼える？ 飼いやすい？

第4章

ボールパイソンと暮らしたい【飼育実践編】

第5章

第1章

ヘビの基礎知識

ハンサムなヘビと暮らす前に、
出身地域や大きさ、種類、寿命…。
まずはヘビの基礎知識を
しっかり学ぼう。

ヘビは、南極をのぞく地球全域に住んでいる

温暖な地域に棲んでいるイメージのあるヘビですが、寒帯地域や乾燥した砂漠などをのぞいて、地球上のほとんどすべての地域に生息しています。現在、世界中で3000種類以上のヘビが確認されています。日本には、北海道から沖縄まで合わせて36種のヘビが生息しています（ウミヘビをのぞく）。

西アフリカの森林地帯が原産のニシブッシュバイパーは背景にまぎれ込むために鮮やかなグリーン色のカラダを持っているが、猛毒を持つ危険なヘビ。

東南アジアのジャングルに暮らす毒ヘビ、タイコブラ（アルビノ）。

オーストラリアの砂漠に暮らすウォマ。

小さなヘビ、大きなヘビ

世界最小のヘビは、2006年にカリブ海のバルバドス島で発見された世界最小とされるメクラヘビの一種「バルバドスホソメクラヘビ」で（学名：Leptotyphlops carlae）体長約10㎝ほどしかなくミミズと間違われることも。

反対に最大のヘビは、インドネシアやカンボジアを中心とした東南アジアに生息する「アミメニシキヘビで体長は10m以上、体重も100kg以上になる個体もいます。肉食で爬虫類、鳥類、ほ乳類などを食べます。大型のほ乳類であるヒョウを呑み込んでいた例もあり、人間にとっても危険なヘビです。

人間を呑み込んだ例も報告されているアミメニシキヘビ。まさに熱帯のジャングルの王者。

ヘビの寿命

一般的には10年前後といわれていますが、大型で知られるボア科のヘビは長生きで、20年以上生きたアミメニシキヘビの例も報告されています。エサに困らないので、一般的に飼育下の方が長生きするといわれています。ペットとして飼い始めたものの大きくなりすぎて捨てられたヘビが爬虫類専門動物園「iZOO」に持ち込まれたことがあるそうです。

耳

耳と鼓膜は退化してありませんが、地面の音の振動を感じることができます。

ペットとして飼育されることも多いボアコンストリクター。

ヘビのカラダ

ヘビは、爬虫綱有鱗目ヘビ亜目に分類される爬虫類の総称です。ヘビの特徴は、色や模様は棲む環境によってさまざまですが、ウロコに覆われ手足を持たない細長いカラダを持っていることです。爬虫類の中でもその神秘的な姿形から、誰もがなんとなく「恐い」という畏怖の気持ちを持ってしまうのでしょう。

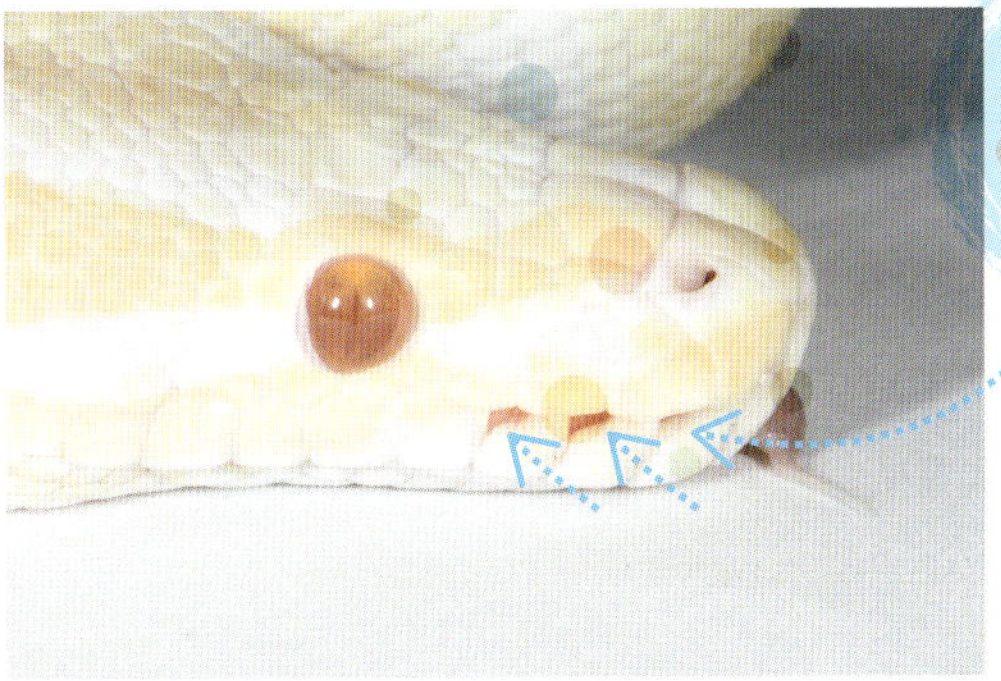

ピット器官

ボアやニシキヘビ、日本原産のマムシなど一部のヘビは、「ピット器官」と呼ばれる熱を関知する器官を持っています。ピット器官を持っているヘビはわずかな温度差も関知できるので、暗闇でも獲物の位置や大きさを関知できるといわれています。

ニシブッシュバイパー

目

ヘビの目は、まぶたが無く透明な幕によって保護されています。ただし視力はあまり良くありません。一般的に静止している物体を見分ける視力が弱いと考えられています。

鼻と舌

舌を出して匂いを嗅ぐボアコンストリクター。舌が二股に分かれているのは、より多くのにおいを嗅ぐためと考えられています。

一般的に臭覚はすぐれていると考えられています。口の上にある鼻孔と舌、口の中にあるヤコブソン器官という感覚器官を使って獲物の匂いを嗅ぎ分けると考えられています。

尾

手足のないヘビ。どこまでが胴体でどこからが尻尾かわかる？総排泄孔（肛門）までが胴体で、そこから先が尾です。

コーンスネーク

口

ヘビの口はアゴの関節が2つあり、開口角度を大きく取ることができます。さらに下アゴは左右2つの独立した骨で形成され、靭帯で繋がっているだけで固定されていないので、自分の頭より大きな獲物も呑み込むことができます。

ネズミを呑み込むインドネシアコブラ

ヘビが好きなモノ・コト

温度に敏感

ヘビは変温動物なので自分で体温調節ができません。つまり、外気温が上がれば体温も上がり、外気温が下がれば体温も下がってしまいます。したがってヘビを飼うときに一番注意しなければいけないことが温度管理なのです。ヘビが本来生まれた環境になるべく近い温度を保つことが、ヘビにとっての一番快適な状態といえます。

小食!?

野生のヘビは基本的に肉食で、生きている昆虫や小動物を捕まえて食べていますが、ほとんどのヘビは1週間に1回程度の食事で十分生きていけます。したがってヘビを飼育する場合は、エサ用のマウスを週に1回程度食べさせるだけなのですが、うっかり忘れないように!

平和主義者

ヘビは、攻撃的で悪賢いイメージがありますが、たいていのヘビは臆病な性質で、さっさと逃げて、対決を避けます。あの恐ろしいコブラも人間があやまって踏んでしまったりしない限りは逃げていきます。例外は、空腹のとき。空腹のヘビは攻撃的になることもあるので要注意！

清潔好き!?

意外なことにヘビは繊細で清潔好きです。ケージでヘビを飼うときは、ケージ内を常に清潔に保ってあげることが大事なのです。ケージが汚れたままだとダニが住みついたり、皮膚病になることもあります。

孤独を愛す

ヘビは基本的に一匹で暮らす生き物です。野生では、他のヘビは同じ種類であっても自分の縄張りを荒らす敵なのです。基本的にヘビが他の個体と暮らす(?)のは繁殖期だけなので、飼うときは一つのケージに1匹が基本となります。

ヘビが苦手なモノ・コト

直射日光

ヘビには、アオダイショウなどの昼行性のヘビとマムシなどの夜行性のヘビがいます。ヘビは外気温に左右されるので、夜行性のヘビはもちろん、たとえ昼行性のヘビでも暑い季節は体温が上がり過ぎないように長時間の直射日光を避けて、石の下や樹木の下などに隠れています。ヘビを飼うときは、直射日光があたる場所を避けて温度管理しやすい場所で飼育します。

寄生虫

ヘビにつく寄生虫で多いのはダニです。ケージを不潔にしておくとダニが発生してヘビに寄生し血を吸います。血を吸われることで、ヘビが死ぬことはほとんどありませんが、ストレスから弱ったり別の病気の原因になることはあります。ヘビが何日も水に入っているようなら、ダニの疑いもあるのでチェックしましょう。黒っぽい粒のようなものがヘビのカラダに付いていたらダニかもしれません。すぐに獣医さんに診てもらいましょう。

神経質

ヘビは鳴くことがありません。外敵などが近づいてくると「シューッ」という破裂音や気泡音といった音を出して警告します。一番有名なのは、「ガラガラ」という音を出す北アメリカの砂漠地帯に生息している「ガラガラヘビ」でしょう。つまり、ヘビが警告音を出しているときは、かなり神経質になっているということです。そっとひとり(?)にしてあげましょう。

冷凍食品

ヘビは自分で温度調節ができません。ということは、冷たいものを食べたらカラダが冷えて死んでしまうこともあるのです。ペットのヘビのエサは、冷凍マウスがほとんどですが、冷凍マウスは必ず常温に戻してから食べさせてくださいね。

ヘビの一生

卵

ほとんどのヘビは卵から孵化する卵生です。しかし、親と同じ形で生まれてくる胎生のヘビもいます。日本のヘビの中ではマムシだけが胎生です。

ヘビの卵のカラは、ニワトリの卵のように堅くなく少しブヨブヨしています。これは、外から水や酸素を吸収して成長するためです。一度に産む卵の数は種類で大きく違ってきます。アミメニシキヘビなどの大型のヘビは、100個近くの卵を産みます。孵化までの期間は種類によって違いますが、ペットとして飼われることが多いコーンスネークの場合は60日前後でカラを破って出てきます。

長生きするよ！

セイブシシバナヘビ
（生後1年）

まだまだ子供デス

ボールパイソン（生後3ヵ月）

ベビーの期間と脱皮

孵化後、しばらくはエサを必要としません。コーンスネークの場合は、10日前後で最初の脱皮を行い、その後エサを食べるようになります。コーンスネークは成体になると90～120㎝ぐらいになりますが、生まれてから1年ほどで60～80㎝ぐらいまで成長します。一般的に生後1年未満の個体のことをベビー個体と呼びます。

この期間は、脱皮を繰り返します。ヘビは成長のためだけではなく活発な新陳代謝によって脱皮を繰り返すので、栄養状態がよく元気な個体ほど脱皮します。成体になると脱皮の回数は減ってきます。

オスは2年、メスは3年でオトナ

コーンスネークのオスは、生後2年ほどで成体になり繁殖が可能になります。メスは、もう少し時間がかかり3年で繁殖が可能な年齢になります。ペットの場合、成体まで育てば、エサと温度に注意すれば、その後の世話もグーンと楽になります。

コラム①

オスとメスの違い

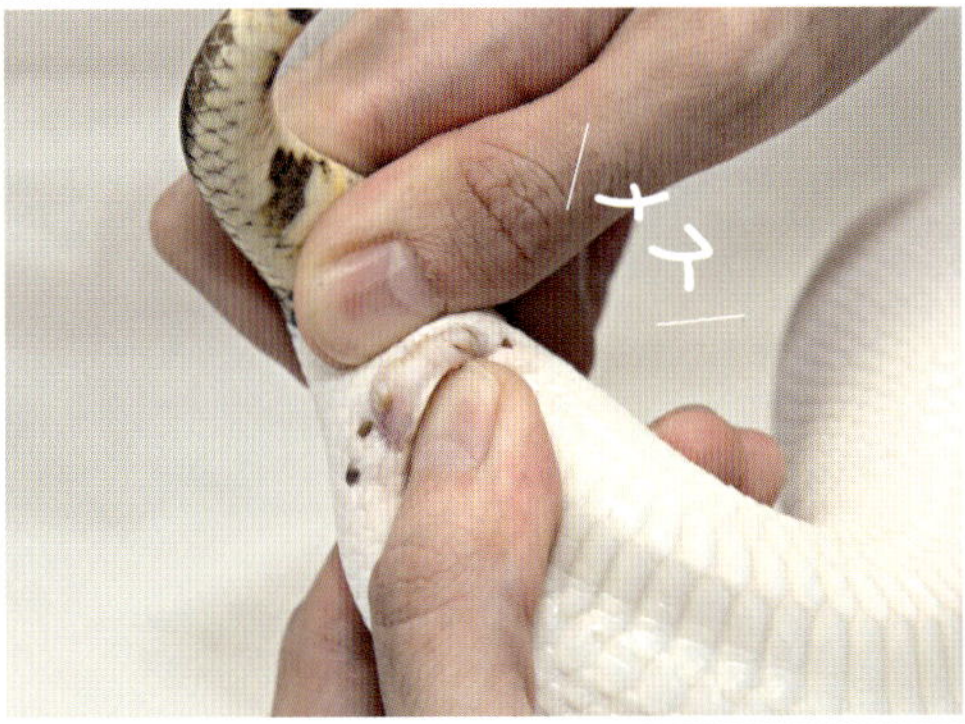

ヘビは、オスとメスとの明確な違いはなく、外見からは見分けることがむずかしい生き物です。しかし、肛門の近くを押すとオスの場合、ヘミペニスという生殖器が1対（2個）飛び出してくるので判別できます。オスは、1回の交尾では1個だけを使います。

ヘビは交尾して受精してもすぐに卵を産むわけではなく、気候や条件に合わせて産卵します。秋に交尾して一冬越して春に産卵したり、メスの卵管に精子を貯蔵し条件がそろうまで待つヘビもいます。熱帯などへビが暮らしやすい地域では毎年産卵するヘビもいますが、産卵と産卵の間が10年というヘビもいます。

単為生殖するヘビもいる

インドや東南アジアから南アフリカ、オーストラリア、沖縄・南西諸島にかけて幅広く生息するブラーミニメクラヘビは、ヘビの中で唯一オスと交尾することなくメスだけで単為生殖で産卵します。つまり、子どもはすべて母ヘビのクローンになります。

第2章

ヘビの基本行動

ヘビにはとぐろを巻く、移動する、
捕食する、隠れる、威嚇する
などといった基本行動があります。
ヘビは生活する環境によって、
基本行動も少しずつ違っています。
ヘビと快適な関係を築き、
楽しく暮らすためには
ヘビの基本行動を知ることが大切です。

とぐろを巻く

ヘビのイメージといえば、やっぱりとぐろを巻いている姿です。そのイメージ通りほとんどのヘビがとぐろを巻きます。

ヘビがなぜ、とぐろを巻くかといえばいろいろ考えられるのですが、細長いヘビは、まっすぐな状態ではなかなか尾まで注意が届きません。そこでとぐろを巻いて小さくした状態だと、体力を温存しながら360度に注意を払うことができ、敵に対しても瞬時に攻撃ができる体勢だいうことです。ヘビは同じ大きさの

ボールパイソン。ボールパイソンは、その名の通りボールのように丸くきれいにとぐろを巻きます。

鳥類やほ乳類が必要とされる食物の10％以下で生きられると考えられており、無駄なエネルギーを消失しないためにもとぐろを巻いているのです。
また、乾燥した地域に棲んでいるヘビの中には、とぐろを巻くことで水分が蒸発する表面積を減らし、水分を保持しています。

とぐろを巻くボールパイソン。頭を隠すのは敵からの防御態勢でボールニシキヘビという名も頭を隠してボールのように丸くなるところから名付けられました。

猛毒を持つ西アフリカ原産のニシブッシュバイパー。毒ヘビもとぐろを巻きます。

カワイイ顔にだまされるな！

移動する／這う

足はなくても素早いよ！

ヘビの特徴は手足がなく細長い体形にあります。「蛇行」という言葉がありますが、手足は無くても筋肉を複雑に動かしてすばやく効率的に這って移動できます。筋肉だけではなくカラダを覆っているウロコも移動のための重要な働きをしています。地面に接地するお腹の部分のウロコは適度な凹凸があり、地面をとらえて水平方向や垂直方向への移動に便利なようにできています。砂漠など足場の不安定な地域に棲むヘビは、横向きに流れるように移動します。ヘビは、手足の代わりにしなやかな背骨（脊椎）と強靭な筋肉、そしてウロコを手に入れた爬虫類ともいえます。

ボアコンストリクター。南米に生息する大型のヘビで、最大5mにもなります。肉食で鳥類やほ乳類を食べます。コンストリクターとは「絞め殺す者」という意味で、飼育には都道府県知事の許可が必要になります。

オーストラリアの砂漠に暮らすウォマ。小型のニシキヘビで、日中の暑い砂の上を跳ねて移動することもあります。

威嚇《いかく》と攻撃

首を持ち上げおどす

ほとんどのヘビは、臆病でワシやキツネなどの天敵などに出会う前に身を隠したり逃げてしまいます。しかし、敵に見つかったり追い詰められたりしたときは、首を持ち上げカラダを膨らませて相手を威嚇します。こうした行動は〝鎌首をもたげる〟という言葉で古くから日本でもいわれています。その意味は、「相手を狙っていつでも攻撃に転じる用意がある」といったニュアンスがあるようです。

頭を持ち上げ"フード"を開き相手を威嚇するインドネシアコブラ。

カラダをふくらませる

毒ヘビとして有名なコブラは、頭部を攻撃されないように頭をやや後ろに引き、フードと呼ばれる部分を膨らませて独特の"攻撃のポーズ"をとって威嚇します。そして相手がひるんだすきにサッとジャングルの奥に逃げ込みます。

また、同じコブラの仲間には、実際に鎌首を持ち上げた状態から毒を吹き付けて攻撃するドクハキコブラもいます。

警告音を出す

アミメニシキヘビなどの大型のヘビの仲間は、口からシューシューという噴気音と呼ばれる威嚇音を出したり口を開け、カラダをふくらませてより大きく見せて威嚇します。また、ガラガラヘビのように尾を鳴らして警告音で相手を威嚇するヘビもいます。

大型のナタールニシキヘビは、すぐに飛びかかれるようにカラダを折り曲げ、口から警告音を出して敵を威嚇する

アフリカ北東部が原産のアカドクハキコブラは、その名の通り毒液を敵めがけて吹き付けて攻撃する。

＊ペットとして飼っているヘビが首を持ち上げたり警告音を出しているときは、ネコや鳥類など他のペットの動きに警戒して緊張している場合が多いので、他のペットを遠ざけるなどしてそっとしておきましょう。

防御／隠れる

天敵から身を守る

　恐くて強いイメージのヘビですが、数多くの天敵がいます。タカやワシなどの猛禽類や大型で肉食の鳥類。マングースやキツネ、アライグマなどのほ乳類。さらに大型のトカゲなどの爬虫類、大型のカエルやクモも小さなヘビを捕らえて食べます。意外なことにヘビを一番食べるのは、より大型のヘビだという研究があります。皮肉なことに細長い体形が似ているので呑み込みやすいという利点もあり、同じヘビに狙われるのです。

　ヘビには、さまざまな天敵から身を守るための独自の防御法があります。

最大の弱点である頭部をすっかり隠した状態で防御のとぐろを巻くボールパイソン（アルビノ）

保護色でカムフラージュする

ヘビは、それぞれ棲んでいる環境に合ったカラダの模様を持っています。砂漠に棲んでいるヘビは砂と同じような薄い茶系の模様を持っているし、ジャングルに棲んでいるヘビは、地面に落ちた枯れ葉のような模様をしています。緑の葉に囲まれた樹上に棲んでいるヘビはグリーン系の色をしています。そうしたカラダの色は保護色となって、天敵から身を守る役割をしています。

また、カラダの模様は体温を保護する機能も持っています。寒冷地など気温の低い地域に生息しているヘビは、熱を集めて体温が上がりやすいように黒っぽい色をしています。逆に砂漠などの暑い地域に生息しているヘビは、薄い色をしています。

インドネシアやニューギニアに生息するグリーンパイソンは、グリーンのカラダでカムフラージュし"ジャングルの忍者"の異名を持っています。

ヘビの巣

ヘビは、岩の狭いすき間や木の根元の穴、枯れ木の下などの暗い場所に隠れて棲んでいます。日本でも民家の近くに棲んでいるヘビの中には、石垣や屋根裏に住みついているヘビもいます。大好物のネズミやモグラがいるので意外に民家の近くに棲んでいるヘビは多いのです。

ヘビの巣で大事なことは敵に見つからないこと、もうひとつは温度です。変温動物のヘビは、外気から身を守るために気温の変化の少ない温かい場所が大好きなのです。

パインスネーク。北アメリカの松林に棲むヘビで、その名の通り松の木のような模様で見事にカムフラージュしています。

ウロコのヒミツ

ヘビのウロコは、一番の〝チャーム・ポイント〟ですが、ウロコの働きはとても重要で、ヘビの基本的な行動と密接に関係しています。

ウロコのヒミツ①

外敵から身を守る鎧

ヘビの皮膚は、かたいウロコとウロコのすき間の伸縮性のある薄い皮膚が2つ組み合わされています。ヘビがとぐろを巻くのは、背中の部分のかたいウロコをギュッと縮めて敵の攻撃から身を守るための効果的な防御態勢なのです。

ウロコのヒミツ②

ウロコの模様には意味がある

ヘビのウロコは、その生息地によって、単色の他にもクサリ紋様やストライプなどさまざまな模様を持っています。もちろんヘビの模様は、飾りやおしゃれではなく、重要な役割があります。一つは天敵から目をごまかすためのカムフラージュであり、余計な争いを避けるための警告としての効果です。

ウロコのヒミツ③

シューズの役割をする

ヘビには足はありません。そこで、ヘビは筋肉を収縮させて波を作るようにして前に進みます。腹面の凹凸のあるウロコは、ヘビが移動する時に効果的に地面をとらえるまさに“シューズ（靴）”の役割をしているのです。

ウロコのヒミツ④

水分の蒸発を防ぐ

砂漠や乾燥地帯に生息するヘビのウロコは、高い温度や強い日差しによってカラダから蒸発する水分を防ぐ役割を持っています。ウロコがあるから厳しい環境でも生きていけるのです。

ウロコのヒミツ⑤

ウロコのすき間が弱点

ヘビのウロコとウロコのすき間には、柔らかい皮膚があります。実は、このすき間がヘビの“弱点”でもあるのです。ウロコのすき間にはダニがつきやすく、野生のヘビはダニを防いだり、退治するために水に入ることが良くあります。ヘビを飼う場合には、ウロコの間もしっかりチェックしましょう。

食べる

ほとんどのヘビは肉食で、大きな獲物を呑み込もうとする写真等を見ると大食漢のように見えますが、そんなことはありません。ヘビのカラダは、新陳代謝が少なく1週間から1ヵ月に数度食べるだけで生きていけます。

獲物を呑み込む

ヘビのエサは、生息している環境によって大きく異なります。水辺に生息しているヘビは、魚やカエル、同じように水辺にいるトカゲなどを主なエサとしています。家の近くに住むアオダイショウは、ネズミや爬虫類、卵、昆虫など何でも食べます。比較的無防備な獲物を相手とするヘビは、すばやく口で獲物を捕らえ呑み込んでしまいます。ヘビは、あごの骨が固定されておらず、自分の頭より大きな獲物も呑み込むことができます（P12参照）。

エサとしてネズミや小動物を食べるタイコブラ（写真はアルビノ）。インドシナ全域に生息していますが、漢方薬として利用されることもあります。

ウサギを締めて食べようとしているアミメニシキヘビは、ヘビの中でも最大種です。全長11mにもなる個体が捕獲されたという記録もあります。

獲物を絞め殺す

ジャングルに生息するニシキヘビやボアなどの大型のヘビは、木の上や植物の茂みに隠れて近づいてくるほ乳類などの獲物をジッと待ち伏せします。たとえ自分の頭より大きな獲物であっても太く長いカラダを巻き付けて絞め殺し、動かなくなった獲物をゆっくりと時間をかけて呑み込んでしまいます。アマゾンに生息するアナコンダは、大型のほ乳類であるヒョウを呑み込んだという記録もあります。

毒で獲物を倒す

コブラやマムシなどの毒ヘビは、敵を倒すために毒を持っていると思われがちですが、本来は獲物をすばやく倒すために使います。コブラは、主にヘビを食べます。生命力の強いヘビもコブラに噛まれると、毒が回って動けなくなってしまいます。

インドネシアの島々に生息しているインドネシアコブラ。東南アジア最強の毒を持つコブラです。

脱皮する

ヘビは、死ぬまで定期的に脱皮します。脱皮は、成長と新陳代謝のために行なわれます。生後1年ぐらいは頻繁に脱皮し、成体となるにしたがって脱皮の回数は減ってきます。飼育下では新陳代謝の良い、つまり元気な個体ほど脱皮を行ないます。

冬眠する

極地をのぞくほとんどの地域に生息しているヘビの中には、冬眠するヘビもいます。変温動物であるヘビは、外気温が15℃以下になると活動が鈍くなって冬眠に入ります。アオダイショウなど日本の本土以北に生息しているほとんどのヘビも冬眠します。

温帯地域や高山地域などに生息するヘビは、秋が深まり気温が下がってくると、木の葉の下や岩の間、土の中など温度変化が少なく外敵に見つからない場所を選んで冬眠の準備に入ります。冬眠前になると、ヘビはほとんど食べずに排泄だけをして消化器官を空の状態にします。こうすることで冬眠中に消化器官に残った内容物が腐敗することを防いでいるのです。そして、冬眠中は体温、代謝ともに低下しているためエネルギーの消耗は極端に少なくなります。

ただし、ペットとして飼っている場合は、冬眠させない場合の方が健康を保てるヘビもいるので、ショップと相談しましょう。

ボクは冬眠
しなくても大丈夫！

コラム
②

毒ヘビは、動物園で！

ヘビの25％が毒を持っている

世界に約３０００種ほど生息するとされているヘビ亜目のうち、約25％ほどが毒ヘビといわれています。日本に生息する毒ヘビは、マムシ、ヤマカガシ、沖縄や奄美諸島に生息するハブの３種類です。

毒ヘビとして有名なヘビは、なんといってもコブラ類ですが、毒ヘビの中でナンバー１といわれているのがウミヘビの仲間であるベルチャーウミヘビです。なんと、たった１度噛んだ時に出る毒の量で１万人の人間が命を落とす危険性があるという研究報告があるそうです。

基本的に毒ヘビは、個人では飼えない

毒ヘビをペットとして個人で飼うことは、理論的には可能ですが、現実問題としては難しいでしょう。毒ヘビは、「特定動物」に指定されています。「特定動物」とは、人の生命、身体又は財産に害を加えるおそれがある毒ヘビ、ワニガメ、ニシキヘビなどで、これらの動物を飼育するためには施設（特定飼養施設）の所在地を管轄する都道府県知事又は政令指定都市の長の許可を受けなければなりません。過去に飼い主が毒ヘビに噛まれるという重大な事件もあり、最近はほとんど許可が下りません。

やはり毒ヘビは、iZooなどの専門施設で見るに留めておきましょう。

▶ニシブッシュバイパー

◀タイコブラ（アルビノ）

▼アカドクハキコブラ

第3章

ヘビと暮らそう【飼育準備編】

どんなヘビが飼える？　飼いやすい？

初めてでも飼いやすいヘビ、
つまり一緒に暮らすのに適したヘビの条件を
挙げてみましょう。

1. 環境の変化にも強くて丈夫
2. 気性がやさしくおとなしい
3. 飼育の手間が比較的簡単
4. 他との差別化がしやすく愛着がわく
5. 長生きで長くつき合える

という点に絞って「新しい家族」の
候補を探してみましょう。

ボールパイソン

どんなヘビ？

ボールパイソンは、別名ボールニシキヘビと呼ばれる小型のニシキヘビです。原産はアフリカで、草原やサバンナ、開けた森林、農耕地の周辺などに生息しています。敵に襲われると頭部を中に入れ、ボールのように丸くなる防御行動を行うことが、名前の由来になっています。

ボールパイソンは成長しても2m以下ですが、体長の割に胴回りが太く迫力もあり、おとなしいのでペットとしての人気も高いヘビです。平均寿命20年以上という長生きなところも人気の理由かも。

日本で飼われているボールパイソンの多くは、CB個体と呼ばれる飼育下での繁殖固体で、さまざまなカラーバリエーションのボールパイソンが生み出されています。

選び方や飼いやすさは？

自分の目で見てよくエサを食べる元気な個体を選ぶことが基本です。ショップの店員さんに食欲はあるか、きちんと脱皮をしているかといった健康状態を確認しましょう。

ボールパイソンに限らず、ヘビは基本的には臆病で神経質な生き物です。ちょっと触れただけでボール状

太くボリュームがあり、迫力がある。外見とは逆におとなしく飼いやすいので入門用として最適のヘビです。

に丸まってしまう神経質な個体もいます。腕に乗せたり触ったりするハンドリングをしたいならば、比較的幼い頃から触り慣れさせることも必要ですが、あまり触り過ぎると体調を悪くすることもあります。またエサを食べた後にハンドリングすると、吐くこともあります。

流通価格は？

ペットとしてのボールパイソンは、さまざまなカラーがあります。スタンダードなカラーの個体は1万円程度から買えますが、他とは違う個性的な個体は10万円以上するものもいます（第4章参照）。

スマートなシャレ者

どんなヘビ？

どんなヘビでもペットとして一緒に暮らせるわけではありません。日本では基本的に毒ヘビ類は飼えないし、あまり大きくなるヘビも初心者にはオススメできません。ヘビを初めて飼う初心者には、コーンスネークもオススメです。

北米原産のコーンスネークは、寒さに強く温和。成長しても120～150cm程度なので部屋の中でも飼うことができペット向きのヘビとして人気があります。しかも、体表の

スマートで派手な外見ですが、温和な性格でペット用のヘビとしては、ボールパイソンと人気を二分します。値段も手頃。
コーンスネーク

色が豊富で他の個体と区別がつきやすいので、ペットとしての愛着もわいてくるはずです。

選び方や飼いやすさは？

自分の目で見てよくエサを食べる元気な個体を選ぶことが基本です。ショップの店員さんに食欲はあるか、きちんと脱皮をしているかといった健康状態を確認することはもちろん、自分の目で多くの個体を見比べて元気なヘビを選びましょう。

コーンスネークは生後数カ月のベビー体で25～35㎝程度の大きさです。小さな状態から育てれば愛着もグーンとわいてくるはず。ヘビはほとんど臭わず、成体になればエサも1週間に1度程度で済むので手がかからないのところも大きな魅力。

ケージは、とぐろを巻いた状態の6倍程度の床面積が理想ですが、最低でも3倍程度は必要です。25～35㎝程度であれば、60×30×36㎝ぐらいのケージで十分でしょう。ただし、ヘビは予想以上に力が強く、ふたを壊したり外したりして脱走することもあるので、しっかりしたふたのあるものを選びましょう。

流通価格は？

コーンスネークは、体表の色や模様がさまざまの個体があり、年ごとに人気の色や模様が違ってきます。

スタンダードな赤みの強いカラーの個体で1万円ぐらいからで、人気のアルビノ系や模様の鮮やかな個体の場合は3万円以上するものもあります。

カリフォルニアキングスネーク

どんなヘビ？

カリフォルニアキングスネーク、通称〝カリキン〟は、その名の通り北米のカリフォルニア州を中心に西海岸が原産のヘビ。体表は、黒や褐色の地に鮮やかな赤、白、オレンジ、黄色のストライプが入っています。その派手なカラダに似合わず毒ヘビや他のヘビを食べる所から〝キングスネーク〟と呼ばれています。ヘビ以外でネズミなどのほ乳類から爬虫類、カエルなどなんでも食べてしまいます。体長は2m前後まで育ちますが、カラーバリエーションが豊富で、コーンスネークと同様にペットとして人気を二分するヘビです。

選び方や飼いやすさは？

〝ヘビを食べるヘビ〟としてどう猛なヘビのようですが、実は丈夫でおとなしく飼育しやすいヘビです。選び方は、自分の目で見てよくエサを食べる元気な個体を選ぶことが基本です。健康状態や飼育上でわからないことは積極的にショップの店員さんに聞いて選んでください。

丈夫なヘビなので、あまり神経質になる必要はありません。ケージは、あまり動き回らないヘビなので高さは必要なく、小さめの容器でも飼育可能です。とぐろを巻いた際の3倍の大きさが目安とされています。ふたはしっかりと閉まるものを選びましょう。

ケージは暗い場所へ置き、単独飼育が基本です。ケージの中に全身が入るくらいの水入れを入れて下さい。飲み水以外にも暑い時の体温の調節、警戒時の「避難所」となります。温度は、1年を通して25～27度に保ちます。

ヘビを食べるヘビとして知られていますが、丈夫でおとなしいので飼いやすく、体表もカラフルなので人気があります。

流通価格は？

カラーバリエーションの豊富なヘビなので人気のカラーは高めですが、1万円程度から買えます。特に希少なカラーを持つ個体だと6万円以上するものもいます。

ヘビが大好物！

セイブシシバナヘビ

どんなヘビ？

セイブシシバナヘビは、その名の通り獅子のように鼻がそり上がった変な顔と太く短いカラダで人気が急上昇しているヘビです。北米のアリゾナ州やテキサス州からメキシコの乾いた草原や半砂漠などやや乾燥した地域に生息しています。体長は最大でも60㎝程度という小型のヘビでおとなしい性格です。身の危険を感じると、体を硬直させて大きく口を開け、腹側を見せて擬死行動、つまり「死んだふり」をすることで知られています。エサは、カエルやマウスですが、ショップで売っている個体は、ほとんどマウスで餌付けされ

別名、メキシコシシバナヘビ。ただ今、人気急上昇中ですが、どこのショップにも置いているわけではないので、購入を考えているのなら確認してみましょう。

ています。購入時に確認すると良いでしょう。

選び方や飼いやすさは？

自分の目で見て元気な個体を選ぶことが基本です。ショップの店員さんに食欲はあるか、きちんと脱皮をしているかといった健康状態を確認することが基本です。

セイブシシバナヘビは、唾液に弱い毒がありますが、人に対して噛みついてくることはほとんどありません。しかし給餌中にエサと間違えて噛みつくことがあるため、注意が必要です。エサは専用のピンセットなどであげるようにします。フタがしっかり閉まるケースに入れて、温度管理にはあまり神経質になる必要はありません。

流通価格は？

人気急上昇のヘビということもあり、価格は1万5000円～。どこのショップにもいるヘビではないので、一度ショップに問い合わせてみた方が良さそうです。

ケニアサンドボア

どんなヘビ？

ケニアサンドボアは、その名の通りケニアをはじめとする東アフリカのやや乾燥した地域の砂地や草原の土の中で生活をしていて、主に夜行性のヘビです。体型は太く、尾も非常に短く体長は、最大で60㎝程度ですが、美しい模様を持った小型のボアで人気があります。

一般的にはオレンジ色から黄色の地色に不規則な形の大きな暗褐色の斑紋が並んでいます。一般的に腹部は白っぽいカラーリングですが、アルビノや赤が抜けたアネリスティックスと呼ばれる色彩変異の個体もいます。

選び方や飼いやすさは？

自分の目で見て元気な個体を選ぶことが基本です。ショップの店員さんに食欲はあるか、きちんと脱皮をしているかといった健康状態を確認することが基本です。

飼育用プラケースは、地表性なので高さは必要ありませんが、身を隠すことが出来るシェルターを用意した方が落ち着きます。一般的に言われるようにヘビがとぐろを巻いたときの3倍程度以上の床面積があれば十分です。温度管理は、昼はホット

大型のヘビとして知られるボアの仲間ですが、太い体形に似合わず体長は短くズングリムックリしているところがカワイイかも。

スポットを32℃くらいにし、その他の場所は最低26℃程度に保ちます。

流通価格は？

人気のあるヘビということもあり、価格は1万5000円～。どこのショップにもいるヘビではないので、一度ショップに問い合わせてみた方が良さそうです。

コラム③

ヘビの故事・ことわざ

嫌われ者のイメージがありますが、ヘビにちなんだ故事やことわざは意外と多いことを知っていましたか？

蛇の道は蛇（じゃのみちはへび）
同類の者のすることは、同じ仲間なら容易に推測ができるということのたとえ。また、その道の専門家は、その道をよく知っているということ。

竜頭蛇尾（りゅうとうだび）
はじめは勢いが盛んだが、終わりはふるわないこと。

藪蛇（やぶへび）
余計なことをして、かえって悪い結果をまねくこと。

蛇は寸にして人を呑む（じゃはすんにしてひとをのむ）
優れている人物は、幼いときから常人とは違ったところがあるという意味。

草を打って蛇を驚かす（くさをうってへびをおどろかす）
何気なくしたことが、思いがけない結果や災難を招くことのたとえ。また、悪いことをした人の中の一人をこらしめて、関係する他の者を戒めること。

蛇の生殺し（へびのなまごろし）
痛めつけて半死半生のまま苦しめること。また、物事を中途半端の状態にして、決着をつけないこと。

蛇足（だそく）
余計なこと、なくてもよい無駄なもの。

ボクが出てくることわざは、まだまだあるよ！調べてみてね！

蛇の口裂け（くちなわのくちさけ）
欲が深すぎるあまり、身を滅ぼすこと。

鬼が出るか蛇が出るか（おにがでるかじゃがでるか）
これからどんな恐ろしいことが起きるか予測ができないこと。

第4章

ボールパイソンと暮らしたい

【飼育実践編】

鮮やかな模様が美しい
迫力ある外見とおとなしい性格で
ペット・スネークとしての
人気が高いボールパイソン。
ヘビ初心者でも飼いやすく匂わず、
鳴かず「静かな相棒」との
暮らし方を完全ガイド。

●飼育指導・協力
宮内大輔（Maniac Reptiles）

ボールパイソンと暮らす10の理由

1

おとなしいが
迫力のある風貌

2

丈夫で10年以上
長生きするので
親しみがわく

3

個体色の差が大きく、
人とは違う所有感が
持てる

4

エサは
10日に1回！
飼育が楽

6

手に乗せても
臭わない

5

手に乗せても
逃げない

清潔好き
なんだぞ

7

1匹でも
寂しがらない

8

意外と
ハンサム!?

オシャレ
でしょ！

10

比較的
安い価格から選べる
（1万円〜）

9

夜帰ってきても
起きていてくれる

健康な個体を選ぼう

お気に入りを見つけるには

ボールパイソンは、大事に飼えば20年は生きます。いったん飼い始めたら長い付き合いになるので、どの個体にするか、じっくりと選びたいものです。そのためには、ボールパイソンを扱っている爬虫類・両生類の専門店か、各地で開催されている展示即売イベントなどに足を運ぶのが一番いいでしょう。

もしかしたら目が合った瞬間に一目惚れ……なんていうことがあるかもしれません。これから長く愛情を持って育てていくわけですから、そういった第一印象で選ぶというのも、なかなかロマンがあっていいものです。

ボールパイソンのお値段は、色や模様、種類によってさまざま。安いものでは1万円程度から、高いものだと数十万円というのもありますが、基本的には1万円程度からと考えておくといいでしょう。

必ず健康状態をチェック

お気に入りを見つけたら、次にやるのは健康チェック。専門店で販売されている個体なら健康の面ではほとんど問題はありませんが、それでも自分の目でしっかり確認することは重要です。今後飼育していくうえでも健康チェックは重要になってくるので、飼い始める前から見る目を養っておきましょう。

まず、骨が浮き出て痩せているものは避けましょう。健康上に問題があって、エサをしっかり食べることができない個体かもしれません。また呼吸器系に病気がある個体は、口をよく開けていたり、よだれを出しながら動くのでガラスケースによだれの跡がついていることも。こちらも避けたほうがいいでしょう。

また、生まれて間もないベビー個体は、まだ幼くて自力でエサを食べられないこともあります。ボール初心者は、自力で食べられる個体から飼い始めたほうがいいでしょう。疑問に思ったことは、専門店の店員さんに聞けば必ず教えてくれます。

第5章「白輪園長オススメ！　優良「スネーク」ショップ／パーク」（P79）でお薦めのショップを紹介しているので、そちらもご参考に。

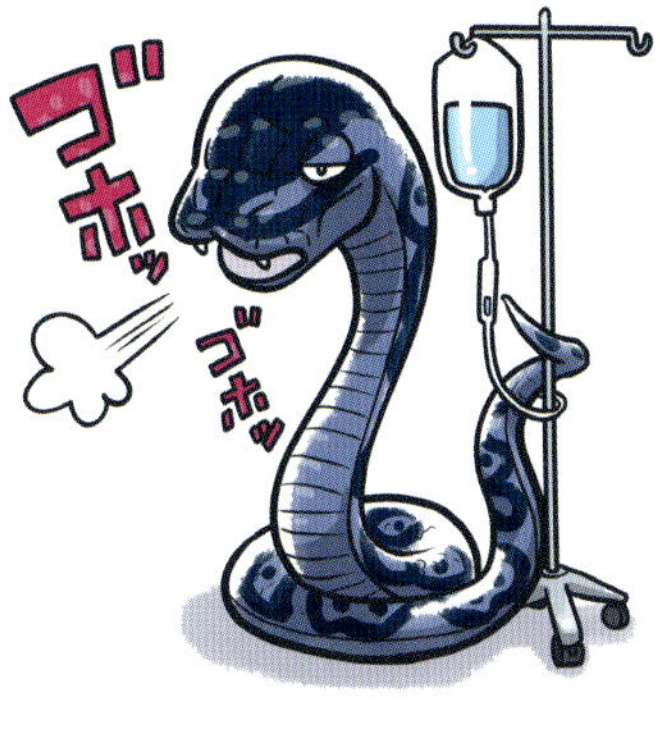

ボールパイソンのお家を作ろう

飼育に必要なケージは

　ボールパイソンを飼うケージは、軽くて丈夫、そして水洗いもしやすい、透明なプラスチック製のものを使うのが一般的です。何匹も飼育しているマニアの人たちのあいだでは、アクリル製の大きな衣装ケースを使っている人も多いとか。要は取り扱いの容易なものがいいです。

　大きさも最初の頃は横20×縦30×高さ20㎝程度のもので大丈夫。広すぎてもかえってヘビが落ち着かないとか。爬虫類を扱っている専門店にはさまざまなタイプのものが売られているので、自宅で飼う場所のスペースを考慮しながら、店員さんと相談して決めるといいでしょう。お値段も千円前後からあります。

　ここで重要なのは、しっか

フタがスライド式のものだと開け閉めがしやすく、フタが透明なので上からも見やすい

床材用のアスペンはネットショップなどでも手に入ります

りとフタがしまるものを選ぶこと。ヘビは脱走の名人なので、抜け出せそうな隙間があったり、簡単にフタが開いてしまうようなものは避けましょう。

快適な住環境に必要なもの

ケースの次は底に敷く床材です。これには木くずのような素材のアスペンがベスト。ペーパータオル状のペットシーツも可能で取り替えも簡単ですが、こちらはどちらかというとヘビを数多く飼っていて世話に手間がかかる人向けです。

水入れは、飲み水用としてだけではなく、ヘビが水浴びするためにも必要なものです。そのため、ヘビがとぐろを巻いて入れるくらいの大きさのものが必要です。ヘビ用の物が売られていますが、食品保存用のプラスチック容器などで代用してもかまいません。

ヘビはふだん、狭いところに隠れてじっとしていることを好むので、そのためのシェルターも必要です。体を隠せる形なら素材はなんでもOK。空き箱に出入り口を開けたような簡単なものでもかまいません。大きさもとぐろを巻いて入れるくらいあれば十分です。

そして最後が、温度管理に必要なパネルヒーターとサーモスタット。お値段はセットで2万円くらいからですが、ボールパイソンは寒い気候が苦手なので必需品です。

水入れは、ヘビにひっくり返されないような、あるていど重さのあるものを

シェルター（ヘビの隠れ場所）

ケージを底から温めるヒーターと、温度を調整するサーモスタット
TIMER THERMOSTAT

ボールパイソンの快適な暮らし

どんな環境が快適なの？

ヘビのような爬虫類は変温動物なので、体温が外気の気温によって大きく影響されます。ボールパイソンの原産地はアフリカ中央部であるため、暑いくらいの気温が快適。そのため、ケージ内の温度は28～32度に保つ必要があります。

夏場の閉めきった室内はかなり室温があがることもあります。なので、なるべく風通しのいい涼しい場所、または床に近い場所にケースを置いておきましょう。

湿度はそれほど気にする必要はありませんが、水入れには常に清潔な水を入れておき、ヘビがいつでも水浴びできるようにしておく必要はあります。また、1日1回ていど、軽く霧吹きするのもいいでしょう。

もっと快適な環境にするには

真夏の外出時には、クーラーをかけて室温が暑くなりすぎないようにして出かけるのがお勧めですが、その際、クーラーの冷気が直接ケージに当たることのないように気をつけてください。

温度の面で意外に気をつけなければならないのが、初夏と初秋。この時期は昼と夜で気温の差がはげしくなることが多いので、特に温度管理には気をつけましょう。

また、冬場は乾燥しやすいので、湿度60%以上を保つように気をつけなければなりません。室内で加湿器を使って部屋全体の湿度を上げたり、ケージ内に霧吹きをかけたりして、高い湿度を保つようにしましょう。

また、ヘビは振動や音にも敏感なので、人の出入りが多い部屋のドア近くや床への直置き、テレビや音楽の音がうるさい場所にはケージを置かないようにしましょう。

ケージ内に木を置いて、ヘビが木に登ったり巻き付いたりしている光景を見たことがあるかもしれませんが、ボールパイソンの場合、基本的には地を這っていることがほとんどなので、木は不要。逆に木の刺や尖った部分で体を傷つけてしまうので、入れないほうがいいでしょう。

ボクはボール君と同じボア科のグリーンパイソン。ボール君はボクとは違って木登りが苦手なのさ

ボールパイソンのお世話

毎日やること

毎日やることといっても、実はそんなに手間がかかることではありません。ボール君の様子を見てあげること、これに尽きます。

元気そうにしているか、ケージ内の温度は保たれているか、ケージ内は汚れていないか、水は減っていないかなどを見るだけです。特に元気かどうかというのは、毎日見ることによって様子の変化に気づくことができるようになるので重要です。

水入れの水は、減っていたり汚れたりしていなければ2～3日に1回の交換でも大丈夫。水はカルキ抜きする必要もなく、水道水のままでかまいません。ただし、そのままだとヘビにとっては冷たいので、35度くらいの人肌の温度にしたものを入れてあげましょう。特に冬場の水温には注意が必要です。

そして、フンを見つけたら取り除くこと。頻繁にフンをするわけではなく、たいていはエサを食べた後にするので、数日に1回ていどです。

ヘビは静かで落ちついた環境を好むので、実は頻繁にケージに手を入れたりして世話を焼かないほうがヘビにとってはいいのです。

水の交換やフンの掃除など、必要な時だけにしてあげましょう。床材の全取替は2週間に1回ていどで十分です。

脱皮と冬眠（休眠）について

ヘビは脱皮を繰り返して成長していきます。脱皮の周期は個体や飼育環境により異なりますが、1か月に1回ていどが目安になります。

脱皮の時期が近づくと、ヘビは水入れに頻繁に入るようになります。そのうちに皮膚の表面がくすんだ色になっていき、目の色などは白濁していきます。この時期にはエサをほとんど食べなくなるので、初めての時には何かの病気では？　と心配になります。でも心配はご無用。再び透明になったら数日で脱皮します。

この時、市販のヘビ用水入れやシェルターなど表面がザラザラしたものをケージ内に置いておくと、ヘビが体をそこにこすりつけるので、

脱皮を促す効果もあります。体全体の皮がひとつながりでケージ内に残されていたら、脱皮終了です。

冬場になると、ヘビの活動が落ちてあまりエサを食べなくなることがあります。これは冬眠が近づいてきたことの現れですが、初心者の場合は温度管理などが難しく、死なせてしまうこともあるので、無理に冬眠をさせないことをお勧めします。

ボールパイソンのごはん

どんなエサを食べるの？

ボールパイソンのエサは、基本的にはマウスだけで大丈夫。マウスといっても生きたものではなく、冷凍保存されたものを与えます。エサ用に養殖されたものなので新鮮で清潔。爬虫類専門店で購入できます。買ってきたら冷凍庫で保存しておけます。

マウスを購入する時に気をつけなければならないのはその大きさ。マウスはその成長度合いや大きさによって各段階に分別されています

- **ピンク**：生まれたばかりから毛が生えたかどうかの段階のもの
- **ファジー**：毛が生えてから目が開く前の段階のもの
- **ホッパー**：目が開いて乳離れして間もない段階のもの
- **アダルト**：自分でエサを食べるようになる成体の段階のもの
- **リタイア**：年をとって繁殖を終えて引退した段階のもの

各段階でさらにまた大きさによってS・M・Lに分けられています。ヘビの成長度合い、大きさによって、与えるマウスの大きさも変えていく必要があります。

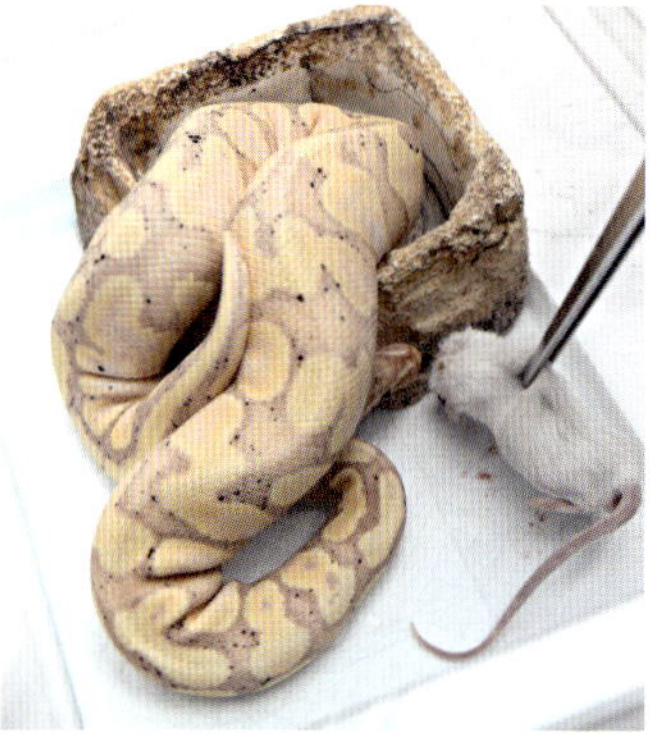

エサの大きさと与え方は？

与えるマウスの大きさの目安は、ヘビの胴の太さと同じくらいのも

の。健康状態や食欲によっては、いつもより一回り小さいものを与えたほうがいい場合もあります。

冷凍マウスを解凍する際、マウスの匂いが強いほうがヘビの食い付きがいいので、マウスをビニールの食品保存用袋などに入れて、湯煎で解凍する方法がお勧めです。体全体が人肌ていどにまで温まったらOK。その際、体の内部が冷たいままだとヘビが吐き出してしまうこともあるので注意してください。

　エサの与え方はヘビの個体によって異なります。もっとも一般的なのが、ピンセットでマウスを挟んで目の前でちらつかせる方法。頭からのほうがヘビが飲み込みやすいので、必ずマウスの頭のほうをヘビの口元へ。ヘビが素早く食いつき、体全体でエサに絡みついていく姿は、何度見ても惚れ惚れとします。この他には、置き餌といってケージの中に置いておく方法などもあります。

　エサをあげる頻度は、生後半年までは3日に1回、大きくなったら1〜2週間に1回ていどで。

パクッ
エサだ！
手でエサをあげることも可能ですが、間違ってヘビに噛みつかれてしまうことも

えいっ！
ヘビがマウスに噛みついたら、ピンセットを離しましょう。体全体でエサに巻き付いていきます

モグモグ
しばらくすると、ゆっくりと飲み込んでいきます

ボールパイソンと触れ合おう

どうやって触ったらいいの？

ボールパイソンを含めた爬虫類は、単独で棲息していることがほとんどなので、実は人間との過度の触れ合いはストレスになります。

とはいえ、せっかく飼っている以上は、やはり触ったり腕に乗せたりして遊んでみたいもの。また、定期的に触れ合っているうちに、ボール君のほうもスキンシップに少しずつ慣れてきます。

そこで、床材の取り替えやケージの掃除など、ボール君をケージの外に出す時こそスキンシップを取るチャンス。ボールパイソンは大人しい性格なので、攻撃されないかぎり滅多なことでは噛みついたりしません。手のひら全体や腕の部分を使って体を下から支えるように、持ってあげましょう。

この動作をハンドリングといいます。このハンドリングこそがボールパイソンを飼うことの醍醐味ともいえます。ただし、エサを食べた直後や脱皮前はストレスを与えてしまうので、ハンドリングは控えましょう。また触れ合っている時間も5分前後を目安に短めにしてあげましょう。

持つ時には
このように
手のひらと
腕全体を使って

ハンドリングの際の注意点

　ヘビを触る時と触った後には必ず手を除菌すること。

　特にヘビを複数飼っている場合には、他の個体からの病気がうつったりする可能性があります。これには市販の消毒用アルコールを手につければ十分です。

　ショップから買ってきて間もない頃やベビー期の時には、まだ環境に慣れておらず落ち着かない状態なので、触るのは控えてあげましょう。買ってきたばかりの個体なら、2日間くらい様子を見て、環境に慣れてきたようなら、エサやりやハンドリングを試してみましょう。

　また、ヘビは突つかれたりなにかに驚いたりすると威嚇することがあり、その時に頭をどこかにぶつけてケガをしてしまうこともあります。触る際にはゆっくりした動作で手を伸ばしてあげましょう。

ま、たまには
ご主人様に
付き合ってあげるか
やレやレ

ボールパイソンのタブー集

フタをしっかりと閉めない

ヘビは意外な脱走名人。「鎌首をもたげる」という言葉があるように、ヘビは頭を上げて立体的に動き回ります。そのため、ケージのフタがしっかり閉められていないと、頭でフタを開けて脱走してしまうことも。

部屋が閉めきってあれば部屋のどこかで見つかりますが、さもないと大がかりな家探しをするハメに。外に逃げ出したともなれば、大騒ぎに発展する可能性もあります。

ケージの置き場所にも注意！

ケージを置くのは暖かい場所がいいだろうからと、ケージを直射日光が当たる場所には決して置いたりしないでください。ヘビが太陽の光でヘバッてしまい、最悪の場合は死んでしまう可能性もあります。また、窓際や部屋の出入口の近くなど、温度変化の激しいところも避けたほうがいいでしょう。

複数のヘビを一つケージで飼う

ヘビは基本的に単独行動の動物で、近くにいるヘビは仲間ではなくエサを奪い合う敵と認識します。なので、一つのケージに複数のヘビを一緒に入れると、互いに威嚇しあったり、一方が萎縮したりして、ストレスが溜まる環境になってしまいます。なので必ず1匹のヘビに一つのケージを用意してください。

脱皮の時期に乾燥させる

脱皮を控えた時期になると、ヘビには十分な湿気が必要になります。この時に体が乾燥していると、脱皮不全を起こしてしまう可能性もあります。水入れにはたっぷりと水を入れておき、いつでも水浴びができるようにしておきましょう。

ヘビを乱暴に扱う

胴体を手でギュッとつかんだり、尻尾を持ってぶら下げたりすると、相当なストレスがかかります。また食後の10時間くらいは、ケージ内の温度を下げたりむやみに触ったりしないこと。エサを未消化のまま吐き出してしまうこともあります。

エサと間違われて手を噛まれてしまっても、慌てて振り放そうとしないこと。ヘビが大怪我をしてしまいます。それほど痛くはないはずなので、ゆっくりと待っていれば、そのうちに口を離してくれるはずです。

健康チェックと病気

ボールパイソンは世話にそれほど手間がかからないとはいえ、健康チェックは欠かせません。ヘビは鳴いたりして不調を訴えることができないので、日頃の観察が重要になってきます。

健康の源・食欲はあるか？

健康を見るうえでもっとも重要なバロメーターは食欲。餌をちゃんと食べている＝健康だといっても間違いないでしょう。

脱皮間近や冬眠間近になってくると食欲が落ちてくることがありますが、これは正常な状態なので、あまり心配する必要はありません。もし1ヵ月以上エサを食べない状態が続

快食快便が健康の秘訣だよ

くようだと、健康に問題がある可能性も。ただ、成体になると数ヵ月なにも食べないこともあるので、その場合は体に骨が浮き出ていないか見てみましょう。もし判断に迷ったら、爬虫類店のスタッフや専門の獣医に相談するのがベストです。

体の表面にダニがいないか

爬虫類専門店で購入したヘビの体にダニが寄生していることはほとんどありませんが、家で飼育しているうちに、なんらかの理由でダニがついてしまうこともあります。ダニがつくと、ヘビが血を吸われ、ダニを介して病気に感染する可能性もあるので、注意しなければいけません。

ヘビの体の表面や目の周りに黒い粒のようなものがついていないかどうか見てください。もしついていたら、それがダニです。すぐに薬品を使って除去する必要があります。

爬虫類専門店には「スネークレスキュー」というダニを除去する薬品が売られているので、それを購入して、ケージ内とヘビの体に散布してください。

粉末なので取り扱いが簡単です。粉末がヘビの口の中に入ってしまっても問題ありません。ネット上で購入することもできます

よだれを出していないか

また、体の表面的には変化がなくても、体内で病気を持っている場合もあります。たとえば餌を食べず、口からよだれが出ていたり、口を開いて呼吸をしていたりした場合は、呼吸器系の病気にかかっている可能性が高いです。すぐに獣医に診てもらってください。

ボールパイソンの結婚と繁殖

奥深い繁殖の世界

ボールパイソンの繁殖（ブリーディング）は非常に奥深い世界です。さまざまな色や模様の種類を作り出すことができ、マニアやブリーディングの専門家ともなれば、新しい品種を自分の手で生み出したいと思っています。遺伝の法則を理解していれば、品種はそれこそ無限に作り出すことができるのです。

そろそろ
ワタシもお年頃。
いい相手を
見つけなくちゃ

繁殖を始める前に考えること

ボールパイソンの繁殖に挑戦するマニアも多いのですが、初心者が手を出すにはハードルが高いです。まずは最初に飼い始めた一匹を健康に育て上げることを目標にしてください。繁殖を目指すのはそれからです。

繁殖をするには、普通にヘビの世話だけをするのとはまた違った手間と時間、スペース、そして費用がかかります。また、生まれた小ヘビをどうするのかも考える必要があります。そうしたことをすべてクリアしてから繁殖を考えましょう。

ブリーディングの大まかな流れ

①**成長**：オスは生後約2年、メスは約3年で性的に成熟し、繁殖が可能になります。オスとメスの判別方法はP20を参照してください。

②**冬眠（休眠）**：繁殖期を迎える前の晩秋、食欲の減退が見られ、休眠期に入ります。

③**同居&交尾**：休眠期に入ったら、オスとメスを一つのケージで同居させます。しばらくすると、2匹が尻尾を巻きつけるようにして交尾を重ねるようになります。交尾を確認したら、再び隔離して飼育します。

④**産卵**：メスの下腹部のあたりがふくらみ、ケージ内の暖かい場所で体を温めるようになります。その頃には、お腹を圧迫するので給餌は中止。その後、脱皮をして1ヵ月くらいで産卵します。生むのは6個前後です。

⑤**孵卵**：産卵を終えたメスを卵から離し、卵は孵卵器の中に入れたら、30度前後で温度変化の少ない環境で人工的に温めます。卵から離したメスのほうは、落ち着いたら小さなエサを与えて体力を回復させます。

⑥**孵化**：孵卵開始から約2カ月で卵は孵化します。子ヘビたちは自分の力で殻を破って顔を出し、2～3日卵の中で過ごしてから出てきます。

⑥**孵化後**：生まれた子ヘビはケージに1匹ずつ入れて飼育します。孵化から10日ほどで最初の脱皮を行ない、それが済んだら給餌を始めます。

ボールパイソンのカラーバリエーション

ボールパイソンの魅力は、なんといってもさまざまな模様とカラーバリエーションの品種があること。そのため、コレクターのなかには一人で50匹以上飼っている人もいるほどだとか。そんなボールパイソンのバリエーションの数々をご紹介していきましょう。

エンチGHI

コーラルグローウォマ

ハイウェイスパイダー

チーター

スターリングビー

みんなボクの仲間だよ！

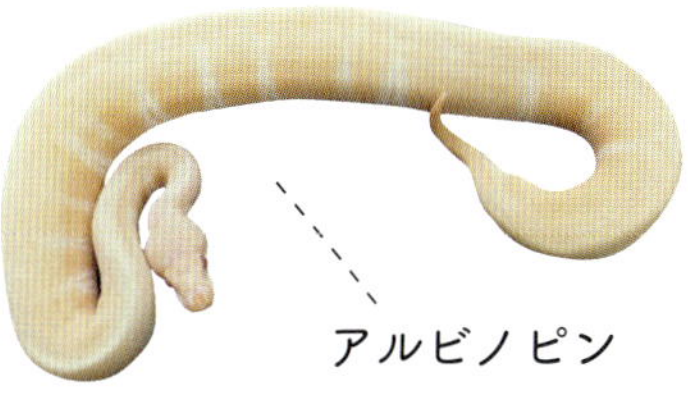
アルビノピン

（写真提供：マニアック・レプタイルズ）

シトラス
パステル

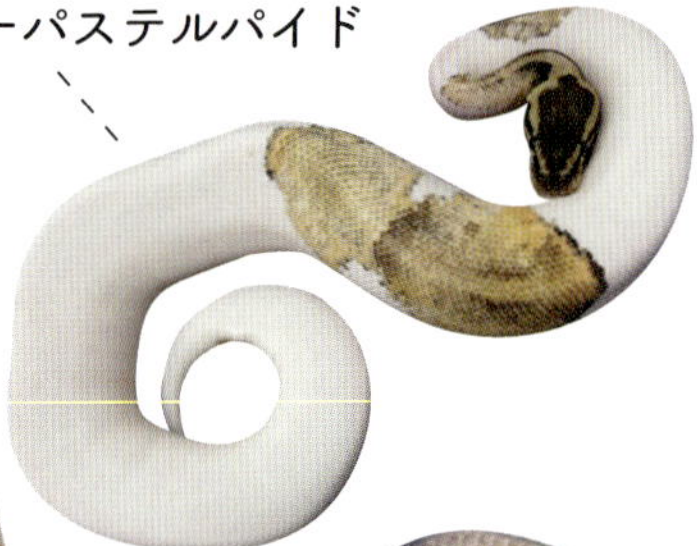
スーパーパステルパイド

パラドックスピューター

ファイアー
レモンブラスト

ブラックパステル

パステル

レッサー

モハベ

ラベンダーシナモン

キャラメルグロー

スパイダー

ピンストライプ

バター

ブラックアイリューシ

ボールパイソンの仲間たち

ボールパイソンはボールニシキヘビとも呼ばれ、ニシキヘビの一種です。ニシキヘビは、ボールパイソンの他にもさまざまな種類がペットとして飼育されており、爬虫類専門店でも購入できます。そんなボールパイソンの仲間たちをご紹介していきましょう。

アンゴラパイソン

名前のとおり、アフリカ南西部にあるアンゴラ周辺が原産。体長は1.5mほどで、こげ茶色に白や黄色の線状の模様が入っています。体型はボールパイソンに似ていますが、長い間、幻のパイソンとして、ペットとしては希少な存在でした。

Angolan Python

コースタルジャガーカーペットパイソン

オーストラリア東海岸原産のコースタルカーペットパイソンの突然変異体をベースに作出されたといわれている品種。全長は2m前後、色は一般的には褐色から濃い緑で、黄色っぽい模様が不規則に入っています。

Coastal Jaguar Carpet Python

グリーンパイソン “マノクワリ”

インドネシアのニューギニア島西部にあるマノクワリ原産。全長は2m前後。子供のころは体の色が黄色や赤ですが、成長するに従って鮮やかな緑色になります。夜行性なので、昼間は木に巻き付いてじっとしています。

Green Tree
Python Manokwari

インランドカーペットパイソン

オーストラリア原産のカーペットパイソンの亜種の一つ。体長は2mを越え、濃いグレーの地色に青みがかった薄いグレーで、派手ではないが上品な色合いが人気。今でも入手が難しい品種の一つです。

Inland Carpet Python

モルカンパイソン

インドネシアのモルッカ諸島原産で、体長は2～3メートル。本来の色は金色とも表現されるほど黄色みが強く、ゴールドパイソンとも呼ばれています（写真の個体は珍しいシルバー調）。頭の鱗が大きいのも特徴です。

Moluccan Python

（写真提供：E.S.P.）

コラム④

あると便利な飼育グッズ

▲ 温・湿度計

ケージ内の温度・湿度管理をするための必需品。ボールパイソンはアフリカの赤道付近が原産なので、温度管理は厳重にしなければいけません。デジタルなのでひと目で数値がわかるので便利です。

あると便利というより、ヘビにエサをあげる時の必需品。長さが20センチ以上あるので、ケージの中に手を入れなくてもアプローチも可能。これさえあれば、給餌の際に間違って指を噛まれたりしません。

◀ ピンセット

防ダニ・消臭剤 ▶

ヘビ用に開発された商品。ケージ内にスプレーするだけで、ダニや雑菌の発生を抑え、ケージ内の消臭効果もあります。天然植物成分を使い、アルコール分は入っていないので、生体に悪影響を与えません。

脱皮促進剤 ▶

ヘビの体にスプレーするだけでＯＫ。皮膚の新陳代謝を活性化させて、脱皮不全を解消します。天然成分を使っているので、生体を痛めることなく、口の中に入ってしまっても大丈夫です。

コラム ⑤

ヘビは、幸運をもたらす神の使い!?

邪悪な存在？ 神の使い？

ヘビは足がなく、とぐろを巻いたりするため気味が悪い動物として嫌悪されたり、西洋では旧約聖書にある創世記の中でヘビがエデンの園でイブをそそのかして禁断の果実を食べさせたことから邪悪な存在とされていたりします。『ハリー・ポッター』に出てくる大蛇も悪の化身のように扱われていますよね。

ですがその一方で、頻繁に脱皮をすることが「死と再生」をイメージさせることから、豊穣と多産、生命力のシンボルとなり、縁起のいい動物や信仰の対象としての動物として、世界的に崇め奉られていることが多いのも事実です。

特に白いヘビは、日本では弁財天の使いとして富をもたらすものとされ、各地の神社などで祀られています。また、白蛇の夢を見ると縁起がよく、金運や財産運に恵まれるともいわれています。

抜け殻で金運アップ！

この白いヘビは、いわゆるアルビノ（先天的な黒色色素の欠如により体全体が白くなったもの）で、目だけが赤っぽくなっています。体が白いけど目が黒いヘビというのも存在しますが、そちらはアルビノではないため、神の使いとはされていないようです。

また、脱皮したヘビの抜け殻は、財布の中に入れておくと金運がアップして、財布の中のお金が増えていく、またはお金が減っていかないといわれています。爬虫類専門店に行った際にたまたま脱皮した個体がいたら、ぜひ抜け殻をもらえるよう店員さんに頼んでみてはいかが？

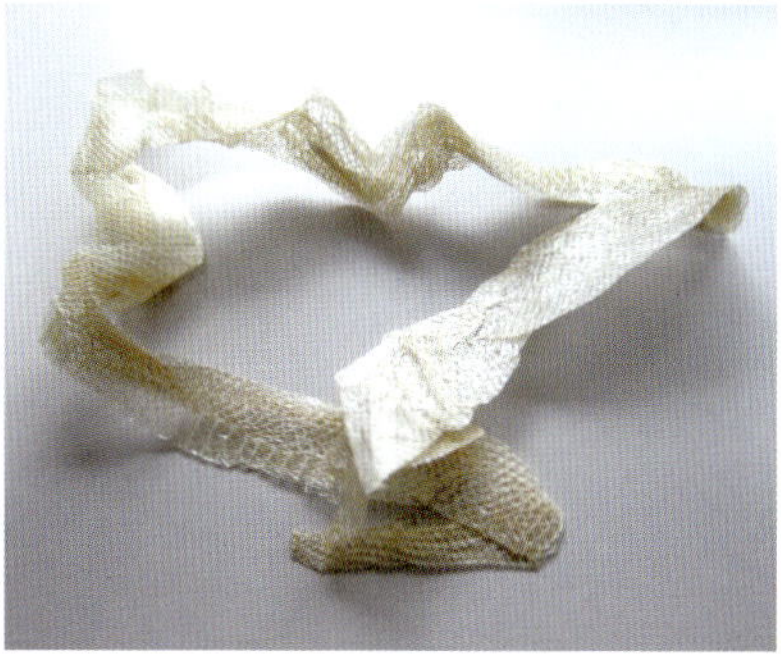

白輪園長がソッと教える

コラム⑥

ボールパイソン 飼育のコツのコツ

本書の監修を務めるi-Zooの白輪園長に ボールパイソンと末永く暮らすコツを教えてもらいました。

コツ❶ ケージのフタはしっかりと

ボールパイソンに限らず、ヘビは筋肉が非常に発達しており力の強い生き物です。たとえ、小型のヘビでも小さなすき間を見つけると、そこから逃げ出してしまいます。衣装用のプラケースなどをケージの代わりに使う場合は、必ず留め具が付いているモノを選んでください。ヘビが逃げないように、しっかり管理することがヘビを飼う場合の基本です。

コツ❷ エサはやり過ぎない

初めてヘビを飼う人が失敗しがちなことは、ついエサを与え過ぎてしまうことです。ヘビは、イヌやネコといったほ乳類と違い、ほとんど運動しません。野生のヘビは、無駄なエネルギーを消費しないようにじっとしている生き物です。

ヘビにとっても肥満は、病気の原因になります。「ちょっと太ってきたかな」と思ったら、一度に与えるエサの量を減らすのではなく、エサを与える回数（周期）を減らして様子を見ましょう。

コツ❸ 毎日、体表をチェック

健康なボールパイソンの体表（皮膚）には、独特なしっとり感や〝てかり〟があります。体表がカサついていたり、逆にジメっとしているようだと要注意。

また、ヘビにはダニがつきやすいので、ウロコのすき間も見逃さないよう全体をしっかり観察して、毎日ヘビの健康状態をチェックしましょう。

第5章

白輪園長オススメ!
優良「スネーク」ショップ&パーク

一緒に暮らすヘビを選ぶために
大事なことは、
初心者にも親切で
相談にのってくれる店員さんがいて、
信用のおけるショップを選ぶことです。
iZoo園長で爬虫類界のカリスマ・
白輪剛史さんがオススメする
ショップなら安心です。

横浜に行ったら
立ち寄りたい店

神奈川県
横浜

初心者からマニアまで満足する品揃え

Maniac Reptiles

（マニアックレプタイルズ）

ボール以外のさまざまなパイソンも豊富に揃っている

ヘビ、トカゲ、ヤモリ、水ガメ、陸ガメ、昆虫まで、取り扱っている種類が豊富で、初心者からマニアまで満足する品揃え。店主自らが常に海外に出向いて買い付けてくるから、個体の質も間違いなし。特にボールパイソンは種類、個体数、状態ともに他店を寄せ付けないほど充実しています。

それもそのはず。本書で飼育指導していただいた店主の宮内大輔さんはボールパイソンの飼育から遺伝、繁殖まで、すべてを網羅した専門書『パーフェクト・ボールパイソン』の著者でもあり、日本でも有数のボールパイソン専門家です。

店内には経験豊富なスタッフが常駐し、個体の説明から飼育方法

開業して12年になり、爬虫類・両生類専門店としては老舗

(右) 最寄り駅は地下鉄ブルーライン「伊勢崎長者町」またはJR根岸線「関内」
(左) 愛嬌のあるフトアゴヒゲトカゲが水槽からご挨拶

まで詳しく説明してくれ、飼い始めた後の親切丁寧なアフターケアも充実。また、繁殖のノウハウも豊富に持っています。

横浜スタジアムや中華街からも徒歩圏内なので、休日にぶらりと足を運んでみてはいかが？　もしかしたら、お気に入りの1匹に出会ってしまうかも。

Maniac Reptiles
(マニアックレプタイルズ)

〒231-0033
神奈川県横浜市中区長者町1-4-14
TEL：045-664-5445
OPEN：13:00～22:00
(水曜日、第2・4木曜日定休)
日曜日13:00～21:00
URL：maniacreptiles.com

心がときめく
お洒落な店内

静岡県
静岡

爬虫類を見ながらお茶もできる！

Dendro Park

（デンドロパーク）

ボールパイソンとヒョウモントカゲモドキをメインに爬虫類を数多く取り揃えている

静岡市と名古屋市に店舗がある爬虫類専門店。品質にこだわるオーナーがアメリカを中心に一流ブリーダーから定期的に直輸入を行ない、良質な生体をリーズナブルな価格で販売しています。ボールパイソン、ヒョウモントカゲモドキ、レオパードゲッコー、カーペットパイソンには特に力を入れており、海外の有名ブリーダーが作り上げた極上個体が所狭しと並んでいます。

整然と並べられた水槽はレイアウトや照明にまで工夫が施され、爬虫類のお店のイメージを覆すお洒落な店内。まるで水族館にいるかのような癒しの光景に、初めて爬虫類のお店に行く人も抵抗なく、くつろぐことができます。

店内にはカフェスペースも併設

カフェスペースには爬虫類たちも展示されているので、それを見ながらお茶や軽食が楽しめる

（右）鮮やかな体表で人気のボールパイソン（左）静岡本店：JR 東海道線「静岡駅」北口から国道1号線を西へ3.8km

され、爬虫類たちに囲まれて、お茶や軽食をとりながらひと休みできるのもうれしい。店員さんたちも気さくで爬虫類に詳しい人たちばかり。常連さんになると時間を忘れて過ごしてしまうこともしばしば。静岡と名古屋の2店舗とも、それぞれ個性派なオーナーが駐在しているので、両方立ち寄って見比べてみてはいかが？

Dendro Park
（デンドロパーク）

静岡本店
静岡県静岡市駿河区手越原250-3
920ビル1F
TEL：070-5335-0051
OPEN：15:00〜22:00（月・火曜日定休）
土日祝13:00〜22:00

名古屋店
名古屋市港区小碓2-31 2F
TEL：090-3304-2698
OPEN：15:00〜23:00（水・木曜日定休）

E-mail：akitos@ma.tnc.ne.jp

いろいろな種のペットに出会える

愛知県
名古屋

爬虫類店としては国内最大級!

Remix（リミックス）
名古屋インター店　爬虫両生類ペポニ

店内は広く、ゆったりとした展示スペースなので、じっくりと見ることができる

名古屋圏内に3店舗を擁するペットショップ。そのなかでもメインとなる名古屋インター店は、1階は熱帯魚・海水魚や昆虫、2階は爬虫類・両生類や鳥類、小動物など、さまざまなペットを取り扱っています。

なかでも2階の爬虫両生類・小動物売場のペポニでは、ヘビは常時200種類、トカゲは200〜300種類いて、日本でも最大級の規模と品揃えを誇っています。まだ爬虫類を飼ったことのない人からすでに何匹も飼っているマニアまで、そこにいるだけで楽しくなってくるお店です。名古屋ICのすぐ近くということもあり、関西や四国など遠方からやってくるお客さんもいるとか。

購入前の丁寧な説明やアドバイ

カメのエサをあげられるコーナー（有料）は、子どもに大人気

（右）特にヘビやトカゲなどの爬虫類が充実！（左）ペットショップとは思えない規模。東名「名古屋IC」から車で約5分、地下鉄東山線「藤が丘駅」から徒歩約15分

スはもちろん、購入後も電話やメールなどで相談に乗ってくれるので、いざという時も安心。もしなんらかの事情でもう飼えなくなってしまった場合は、無料で引き取ってくれます。

日曜日の午後は混雑することも多いので、車で行く場合はその時間帯を避けたほうがいいかもしれません。

Remix
（リミックス）

〒480-1144
愛知県長久手市熊田506
※店舗前に駐車スペースあり
TEL：0561-65-5792
OPEN：12:00～20:00（年中無休）
　　　土日祝10:00～20:00
URL：remix-net.co.jp
この他に名古屋市内に「みなと店」「mozoワンダーシティ店」あり（サイト参照）

マニア&初心者
御用達の店

大阪市
東淀川区

豊富な知識で親切丁寧なアドバイス

E.S.P.
（イー・エス・ピー）

生体の質とクオリティには特に力を入れているショップ

生体の管理もしっかりと行なっているお店。無駄のないレイアウトで在庫も多く、取り扱っている生体の画像をサイトにアップしているので、店に行く前にお気に入りの一匹の目星をつけておくこともできます。

お店は通り沿いに面した路面店とわかりやすく、取り扱っているのはボア・パイソン、ナミヘビ、水・陸棲ガメ、トカゲ、ヤモリ、カエル、有尾類、タランチュラ、サソリなどなど、幅広いジャンルの種類が店内に揃っているから目移りしてしまうかも。

店主の爬虫類に関する知識は豊富で、マニアたちからも一目置かれる存在だとか。アフターケアも積極的に行なっているので、飼い始める前のアドバイスから飼い始

最寄り駅は阪急京都線「上新庄」、または地下鉄今里筋線「だいどう豊里」

生体をさまざまな角度から撮影した写真がサイトにたくさん掲載されているので、それを見ているだけでも楽しい

めた後の疑問や相談まで、気軽になんでも問い合わせることのできるのも嬉しい。

　大阪圏内で近くに他の爬虫類専門店がある人も、とりあえず一度、お店に足を運んでみてはいかがでしょうか。

E.S.P.
（イー・エス・ピー）

〒533-0022
大阪府大阪市東淀川区菅原2-9-8 豊富第3
プレジデントハイツ1F
TEL：06-4862-6693
OPEN：13:00～22:00（火曜日定休）
E-mail：esp_information@nifty.com
URL：www.espweb.jp

爬虫類マニアの聖地！

静岡県
河津

毒ヘビを間近で見られる！

iZoo
（イズー）

中央アフリカの熱帯雨林に生息する。
マムシの毒と同等の毒を持つといわれている

日本唯一の「爬虫類専門」動物園として、爬虫類マニアにはおなじみのいわば〝聖地〟ともいわれるのが東伊豆・河津にあるｉＺｏｏ（イズー）。園長は、本書の監修も務め、爬虫類界で知らぬ人はいないといわれるほど超有名な白輪剛史さん。

ｉＺｏｏでは、一般のショップではほとんど見ることのできない毒ヘビ専門のコーナーがあり、常時10種類以上の毒ヘビが展示されています。

日本では、ｉＺｏｏだけが展示しているアルビノタイコブラ、インドネシアコブラ、アカドクハキコブラといった珍しい毒ヘビも間近で見ることができるので大興奮間違いなし。また、普段触ることができない大型のヘビと記念撮影

毒ヘビの中でも人気が高い。その毒はコブラ以上ともいわれている。

コブラの王という名の通り全長 3m 以上。一度に注入される毒の量が他のコブラと比較にならないほど多く、「ゾウをも倒す」といわれる。

2 本のツノを持つヘビ。毒ヘビの中では最大の毒牙を持つ“暗殺者”だ。

静岡県
河津

園内は、南国ムード満点で近くには海と温泉もあります

（左）毒ヘビが展示されているコーナー。（右）お土産売り場やレストランも充実しています。

もできます（有料）。

さらに、毎月のように入れ替わる他の爬虫類も充実しているので、いつ行っても新顔に出会えるのもうれしいポイント。

ｉＺｏｏは、全天候型の動物園なので季節や天候に左右されることなく、いつでも爬虫類に会えるのも大きな魅力です。

iZoo
（イズー）

〒413-0513
静岡県賀茂郡河津町406-2
TEL 0558−34−0003
OPEN：9:00〜17:00（年中無休）
入園16:30まで

入園料

区　分	一　般	団体割引／15名以上〈当日可〉
大人（中学生以上）	1,500円	1,200円
小人（小学生）	800円	600円
幼児（6歳未満）	無料	

URL:http://izoo.co.jp/

納得!

ヘビQ&A

ヘビと暮らす前に知っておくと、
なにかとお役に立つこと間違い無し。
ヘビに関する基本的な疑問にしっかり答えます。

Q 飼うのが禁止されていたり、許可がいるヘビはありますか？

A あります。人間や生態系、農林水産業に被害を及ぼす恐れのある「特定外来生物」は、飼育が原則として禁止されています。ヘビの仲間では、ナミヘビ科のマングローブヘビやクサリヘビ科のタイワンハブなどが指定されています。

また、毒ヘビは基本的に飼育に許可が必要です。人に危害を加える恐れのある危険な動物は「特定生物」の対象となり、飼育するための基準や罰則が設けられ、都道府県知事または政令市の長の許可が必要になります。特定生物は哺乳類、鳥類、爬虫類の約650種が対象となっており、ボア科のボアコンストリクターやオオアナコンダ、ナミヘビ科のブームスラング属やヤマカガシ属の全種、コブラ科の全種などが含まれます。

もちろんボールパイソンの飼育には、許可が必要ありません。

ボクは西アフリカから来たニシブッシュバイパー。色が綺麗で可愛い顔をしているけど、猛毒の持ち主さ。飼うには許可が必要だよ

専門店やサイトなどで見かける「WC」「CB」って、何の略号？

こう見えても
大切に育てられた
深窓の令嬢なの！

これは、それぞれの個体の由来を表し、WCは「ワイルド・コウト」の略で「原産地で捕獲された野生のもの」、CBは「キャプティブ・ブレッド」の略で「飼育下で育てられた親から繁殖されたもの」という意味です。さらに、WCの個体を飼育して繁殖させたものという意味のFH「ファーム・ハッチト」もあります。

一般的には、野生のWCは飼育が難しく、飼育下で誕生・育てられたCBのほうが飼育に適しています。日本で流通しているボールパイソンのほとんどがCBです。

自宅近くにヘビを扱っているペットショップがないのですが、どうしたらいいですか？

「ジャパンレプタイルズショー」のポスター

多くの爬虫類専門店がHPを持っているので、インターネットで検索して、近くにないか探してみましょう。前項にあるお薦めのショップなども参考にしてみてください。また、各地のショッピングセンターの催し物会場などで爬虫類フェアを定期的に開催しているところもあるので、そちらに出かけてみるのもいいでしょう。

静岡市のツインメッセ静岡で毎年2回開催されている「ジャパンレプタイルズショー」は、日本最大級の爬虫類展示即売会。日本各地や海外から100社以上の爬虫類販売業者、メーカー、出版社が集まるので、時間があったらぜひ行ってみてください。開催日時など詳しくはHPをご覧ください。
(www.rep-japan.co.jp/jrs/)

Q 他のペットと一緒に飼っても大丈夫ですか？

近くに他の
動物がいると
緊張しちゃうよ
ジュ～ッ

A 犬や猫がケージの周りをウロウロする環境では、ヘビに大きなストレスがかかってしまいます。鳥などのカゴに買われたペットなら、ケージのそばに置くことがないかぎり問題はありません。

ただし、ハムスターのようなげっ歯類はヘビの好物なので、その匂いでボールパイソンが興奮してしまいます。必ず別の部屋で飼うようにしてください。また、ハムスターを触った手を洗わないでヘビに近づけると、その匂いのせいで噛みつかれる可能性もあります。

Q ボールパイソンを通信販売で購入することはできますか？

A 平成24年に改正、翌年に施行された動物愛護管理法において、哺乳類、鳥類、爬虫類の販売に際しては現物確認・対面販売をすることが義務づけられ、基本的には通信販売が禁止されました。

そのため、ショップのホームページに掲載されている個体を気に入っても、通信販売で買うことはできず、実際にお店に行って買う必要があります。

これから長い付き合いになるわけですから、ホームページの写真などではなく、実際に自分の目で見て気に入った個体を選んだほうが、愛情も深くなってくることでしょう。

Q もしボールパイソンが病気になったら、どうしたらいいの？

A 様子がおかしいなと思ったら、まずはヘビを購入したショップの店員さんに相談してみるのがいいかもしれません。もしやはり病気だという場合は、すぐに爬虫類専門の獣医さんのところに行って診断を受けましょう。

近所で開業する爬虫類専門の獣医さんを調べるには、「爬虫類　獣医　地域名」をキーワードに検索すれば見つかります。飼い始める前に、家の近くに爬虫類専門の獣医師がいるかどうかを確認しておくのがベストです。

Q 何らかの理由でボールパイソンが飼えなくなった場合はどうしたらいい？

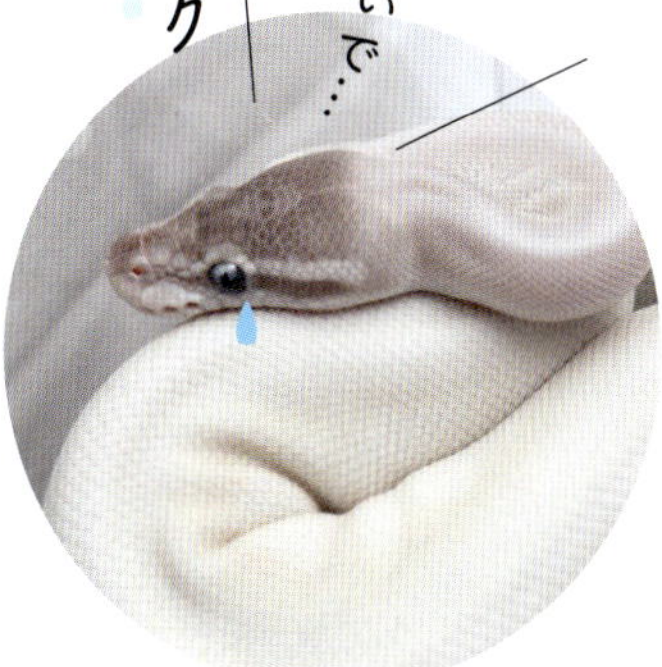

A ペットは最後まで飼い続ける意思がなければいけませんが、手放さざるをえなくなった場合、まずは購入したショップに相談するかネットで検索して引き取ってくれるショップを見つけましょう。「ボールパイソン　引き取り（または買い取り）」で検索すれば見つかります。珍しい種類の場合は高値で買い取ってくれることも。

絶対にしてはならないのが、野に放って捨ててしまうことです。日本の環境ではボールパイソンは生きていけず、周囲の生態系を壊してしまう可能性もあります。また、動物を捨てることは犯罪になります。

監修

白輪剛史（しらわ・つよし）

幼少より爬虫類に興味を持ち、独学で爬虫類の入手法や流通、育成などのすべてを学ぶ。2012年iZoo（体感型動物園イズー）を開園、園長に就任。爬虫類に関する日本最大級のイベント「ジャパンレプタイルズショー」を主催し、執筆、講演、テレビ出演などマルチに活動している。

飼育指導・協力

宮内大輔（Maniac Reptiles）

写真提供

●iZoo
ニシブッシュバイパー
（P8,P12,P23,P36）
ウォマ（P8,P25）
アミメニシキヘビ（P9,P44）
ボアコンストリクター（P10,P12）
インドネシアコブラ（P13,P26,P33）
ナタールニシキヘビ（P24,P27）
アカドクハキコブラ（P27,P36）
ボールパイソン（P21,P28）
グリーンパイソン（P29,P57）
パインスネーク（P29）
アルビノタイコブラ（P32,P36）
アミメニシキヘビ（P33）
ブッシュバイパー（P92）
●Maniac Reptiles
ボールパイソン（P70-P73）
●E.S.P.
アンゴラパイソン（P74）
コースタルジャガーカーペットパイソン
（P74）
グリーンパイソン（マノクワリ）（P75）
インランドカーペットパイソン（P75）
オモルカンパイソン（P75）

参考文献

『「PERFECT BALL PYTHON」
宮内大輔／著・監修
オールリビングクリーチャーズ
「ヘビ大図鑑」
クリス・マティソン著
千石正一監訳　緑書房
「見て楽しめる爬虫類・両生類
フォトガイドシリーズ　ボールパイソン」
GO!!SUZUKI著
川添宣広編・写真

Staff

プロデューサー／西垣成雄
編集・構成／佐藤義朗
原稿／佐藤義朗・大室衛
写真／山中基嘉
装丁／志摩祐子（レゾナ）
ブックデザイン／
レゾナ　（志摩祐子・西村絵美）
イラスト／アカハナドラゴン

初めてでも大丈夫！
ボールパイソンの飼い方・育て方

初版印刷　2015年10月10日
初版発行　2015年10月25日

監修者　白輪剛史
発行者　小林悠一
発行所　株式会社東京堂出版
〒101-0051
東京都千代田区神田神保町 1-17
電話　03-3233-3741
振替　00130-7-270
印刷所　東京リスマチック（株）
製本所　東京リスマチック（株）

ISBN978-4-490-20921-1 C0076